四川省工程建设地方标准

四川省再生骨料混凝土及制品应用技术规程

Technical Specification for Application of Recycled Aggregate Concrete and its Products in Sichuan Province

DBJ51/T 059 – 2016

主编单位： 四川省建材工业科学研究院
　　　　　 成都市墙材革新建筑节能办公室
批准部门： 四川省住房和城乡建设厅
施行日期： 2016 年 11 月 1 日

西南交通大学出版社

2016　成　都

图书在版编目（ＣＩＰ）数据

四川省再生骨料混凝土及制品应用技术规程 /四川
省建材工业科学研究院，成都市墙材革新建筑节能办公室
主编 . 一成都：西南交通大学出版社，2016.9
　（四川省工程建设地方标准）
ISBN 978-7-5643-5063-5

Ⅰ . ①四… Ⅱ . ①四… ②成… Ⅲ . ①混凝土 – 骨料
– 技术规范 – 四川 Ⅳ . ①TU528.041-65
中国版本图书馆 CIP 数据核字（2016）第 230717 号

四川省工程建设地方标准

四川省再生骨料混凝土及制品应用技术规程

主编单位　四川省建材工业科学研究院
　　　　　　　成都市墙材革新建筑节能办公室

责 任 编 辑	柳堰龙
封 面 设 计	原谋书装
出 版 发 行	西南交通大学出版社 （四川省成都市二环路北一段 111 号 西南交通大学创新大厦 21 楼）
发 行 部 电 话	028-87600564　028-87600533
邮 政 编 码	610031
网　　　　址	http://www.xnjdcbs.com
印　　　　刷	成都蜀通印务有限责任公司
成 品 尺 寸	140 mm × 203 mm
印　　　　张	2
字　　　　数	48 千
版　　　　次	2016 年 9 月第 1 版
印　　　　次	2016 年 9 月第 1 次
书　　　　号	ISBN 978-7-5643-5063-5
定　　　　价	24.00 元

四川省住房和城乡建设厅
关于发布工程建设地方标准
《四川省再生骨料混凝土及制品应用技术规程》
的通知

川建标发〔2016〕589 号

各市州及扩权试点县住房城乡建设行政主管部门，各有关单位：

由四川省建材工业科学研究院和成都市墙材革新建筑节能办公室主编的《四川省再生骨料混凝土及制品应用技术规程》已经我厅组织专家审查通过，现批准为四川省推荐性工程建设地方标准，编号为：DBJ51/T 059－2016，自 2016 年 11 月 1 日起在全省实施。

该标准由四川省住房和城乡建设厅负责管理，四川省建材工业科学研究院负责技术内容解释。

四川省住房和城乡建设厅

2016 年 7 月 18 日

前　言

　　本规程是根据四川省住房和城乡建设厅"川建标发〔2014〕253 号通知"下达的四川省地方标准编制计划的要求编制的。在本规程编制过程中，编制组经广泛调查研究、专题讨论，总结再生骨料混凝土及其制品生产和工程应用实践经验，参考国内外先进标准，开展了试验验证，编制本规程。。

　　本规程分为 7 章，主要技术内容包括总则、术语和符号、基本规定、原材料、配合比设计、混凝土工程、混凝土制品。

　　本规程对再生骨料进行了分类，规定了再生骨料混凝土的原材料要求及配合比设计方法，规定了再生骨料混凝土工程、再生骨料混凝土制品生产和应用的基本要求，明确了相应质量验收要求和检验方法。

　　本规程在执行过程中，请各单位注意总结经验，及时将有关意见和建议反馈给四川省建材工业科学研究院（地址：成都市恒德路 6 号，邮编：610081，联系电话：028-83323582，邮箱：scjnjc@163.com），供今后修订时参考。

　　主 编 单 位：　四川省建材工业科学研究院

　　　　　　　　　　成都市墙材革新建筑节能办公室

　　参 编 单 位：　四川省建筑设计研究院

成都建筑工程集团总公司

中国建筑第八工程局有限公司西南分公司

成都市散装水泥办公室

成都市市政工程设计研究院

四川省建材产品质量监督检验中心

成都建工成新混凝土工程有限公司

四川润龙环保科技集团有限公司

主要起草人： 江成贵　秦　钢　程　山　张仕忠

章一萍　曾　伟　张　敏　赵亚军

吕　萍　孔文艺　黄　濛　江海南

廖文胜　李　锋　柯泽勤　代正才

刘　伟　申　雨　袁宇鹏　龙贤明

刘火明　张积凯　何小江　范晓玲

刘　静　伍夏云　温雪飞

主要审查人： 李固华　张大康　张　静　向　学

赵华堂　彭泽杨　隗　萍

目　次

Contents

1 总 则

1.0.1 为贯彻落实国家节约资源、保护环境的政策，实现资源循环利用，保证再生骨料混凝土及其制品在我省建设工程中的合理应用，做到技术先进、安全适用、经济合理、保证质量，制定本规程。

1.0.2 本规程适用于再生骨料混凝土及其制品的生产和应用。

1.0.3 再生骨料混凝土的施工质量应符合现行标准《混凝土结构工程施工质量验收规范》GB 50204 的规定。

1.0.4 再生骨料混凝土及其制品的生产和应用，除应符合本规程的要求外，尚应符合国家和四川省现行有关标准的规定。

2 术语和符号

2.1 术 语

2.1.1 再生骨料 recycled aggregate

通过加工处理已在建设工程中使用过的无机材料获得的混凝土和砂浆用集料。根据集料颗粒粒径大小分为再生粗骨料和再生细骨料。经除土处理、筛分，粒径大于 4.75 mm 的颗粒称为再生粗骨料，小于 4.75 mm 的颗粒称为再生细骨料。

2.1.2 再生骨料混凝土 recycled aggregateconcrete

掺用再生骨料配制而成的混凝土，简称 RAC。

2.1.3 再生骨料混凝土制品（构件） recycled aggregate concrete products (component)

一般由工厂预制，然后运到施工现场铺设或安装的，掺用再生骨料的混凝土产品。

2.1.4 再生粗骨料取代率 replacement ratio of recycled coarse aggregate

再生骨料混凝土中再生粗骨料用量占粗骨料总量的体积百分比。

2.1.5 再生细骨料取代率 replacement ratio of recycled fine aggregate

再生骨料混凝土中再生细骨料用量占细骨料总量的体积百分比。

2.2 符 号

C_{RAC}——再生骨料混凝土比热容。

E_{RAC_c}——再生骨料混凝土弹性模量。

f_{RAC_c}、$f_{RAC_{ck}}$——再生骨料混凝土轴心抗压强度设计值、标准值。

$f_{RAC_c}^{f}$——再生骨料混凝土轴心抗压疲劳强度设计值。

f_{RAC_t}、$f_{RAC_{tk}}$——再生骨料混凝土轴心抗拉强度设计值、标准值。

f_{RACt}^{f}——再生骨料混凝土轴心抗拉疲劳强度设计值。

G_{RAC_c}——再生骨料混凝土剪切变形模量。

Y_{RAC_c}——再生骨料混凝土泊松比。

α_{RAC_c}——再生骨料混凝土温度线膨胀系数。

λ_{RAC}——再生骨料混凝土导热系数。

σ_{RAC}——再生骨料混凝土抗压强度标准差。

3　基本规定

3.0.1　再生骨料混凝土的强度等级应按立方体抗压强度标准值确定。

3.0.2　再生骨料混凝土按立方体抗压强度标准值大小划分为：C5.0、C7.5、C10、C15、C20、C25、C30、C35、C40、C45、C50十一个强度等级。

3.0.3　再生骨料混凝土结构设计应按现行国家标准《混凝土结构设计规范》GB 50010 规定进行。

3.0.4　再生骨料混凝土的轴心抗压强度标准值（$f_{RAC_{ck}}$）、轴心抗压强度设计值（f_{RAC_c}）、轴心抗拉强度标准值（$f_{RAC_{tk}}$）、轴心抗拉强度设计值（f_{RAC_t}）、轴心抗压疲劳强度设计值（$f_{RAC_c}^f$）、轴心抗拉疲劳强度设计值（$f_{RAC_t}^f$）、剪切变现模量（G_{RAC_c}）和泊松比（υ_{RAC_c}）应按《混凝土结构设计规范》GB 50010 的规定取值。

3.0.5　仅掺 I 类再生骨料配置的混凝土，其受压和抗拉混凝土弹性模量（E_{RAC_c}）可按现行国家标准《混凝土结构设计规范》GB 50010 的规定取值。其他再生骨料配制的混凝土，其受压和抗拉混凝土弹性模量（E_{RAC_c}）宜通过试验确定；在缺乏试验条件或技术资料时，可按表 3.0.5 的规定取值。

表 3.0.5　再生骨料混凝土弹性模量（E_{RAC_c}）

项目	弹性模量（$\times 10^4\ \text{N/mm}^2$）					
强度等级	C15	C20	C25	C30	C35	C40
再生粗骨料取代率30%	1.98	2.30	2.52	2.70	2.84	2.93
再生粗骨料取代率50%	1.76	2.04	2.24	2.40	2.52	2.60

注：当再生粗骨料取代率为 30%～50%时，再生骨料混凝土弹性模量
　　按线性插入法取值。

3.0.6　再生骨料混凝土的温度线膨胀系数（α_{RAC_c}）、比热容
（C_{RAC}）和导热系数（λ_{RAC}）宜通过试验确定。在缺乏试验条件或
技术资料时，按现行国家标准《混凝土结构设计规范》GB 50010
和现行国家标准《民用建筑热工设计规范》GB 50176 的规定取值。

3.0.7　Ⅰ类再生粗骨料可用于配制 C50 及以下强度等级混凝土，
Ⅱ类再生粗骨料可用于配制 C40 及以下强度等级混凝土，Ⅲ类再
生粗骨料可用于配制 C25 及以下强度等级混凝土。

3.0.8　Ⅰ类再生细骨料可用于配制 C40 及以下强度等级混凝土，
Ⅱ类再生细骨料可用于配制 C20 及以下强度等级混凝土，Ⅲ类再
生细骨料不宜用于配制结构用混凝土。

3.0.9　按照现行国家标准《混凝土结构耐久性设计规范》
GB/T 50476 对环境类别和环境作用等级划分，再生骨料混凝土宜
在Ⅰ、Ⅱ和Ⅲ类环境中 A、B 环境作用等级中使用。

3.0.10　再生骨料不得用于配制预应力混凝土。

3.0.11　再生骨料混凝土的拌合物性能、力学性能、长期性和耐
久性的检验评定应符合现行国家标准《混凝土质量控制标准》
GB 50164 的规定。

3.0.12 再生骨料混凝土耐久性设计应符合现行国家标准《混凝土结构设计规范》GB 50010 和现行国家标准《混凝土结构耐久性设计规范》GB/T 50476 的相关规定。

3.0.13 再生骨料混凝土的三氧化硫含量应符合现行国家标准《混凝土结构耐久性设计规范》GB/T 50476 的相关规定。

3.0.14 再生骨料混凝土的放射性应符合现行国家标准《建筑材料放射性核素限量》GB 6566 的规定。

4 原材料

4.1 再生骨料

4.1.1 再生骨料的制备应符合下列要求：

　　1 制备再生骨料的原料应经过分拣，去除有害杂质；有条件时，应分拣分类。

　　2 火烧过、被污染或被腐蚀的原料不能用于制备再生骨料。

4.1.2 再生细骨料的分类及性能指标应符合表 4.1.2 的规定。

表 4.1.2　再生细骨料分类及性能指标

项　目		技术要求		
		Ⅰ类	Ⅱ类	Ⅲ类
表观密度（kg/m^3）		> 2 450	> 2 350	> 2 250
堆积密度（kg/m^3）		> 1 350	> 1 300	> 1 200
空隙率（%）		< 46	< 48	< 52
微粉含量（按质量计，%）	MB 值 < 1.40 或合格	< 10.0		
	MB 值 ≥ 1.40 或不合格	< 1.0	< 2.0	< 3.0
泥块含量（按质量计，%）		< 1.0	< 3.0	< 5.0
轻物质含量（按质量计，%）		< 1.0		
有机物含量（比色法）		合格		
硫化物及硫酸盐含量（按 SO$_3$ 质量计，%）		< 2.0		

项 目	技术要求		
	Ⅰ类	Ⅱ类	Ⅲ类
氯化物含量（以氯离子质量计，%）	< 0.06		
坚固性（质量损失，%）	< 8.0	< 10.0	< 12.0
单级最大压碎指标值（%）	< 20	< 25	< 30
碱集料反应	无裂纹、酥裂或胶体外溢等现象，膨胀率小于 0.10%		

4.1.3 再生粗骨料的分类及性能指标应符合表 4.1.3 的规定。

表 4.1.3 再生粗骨料分类及性能指标

项 目	指 标		
	Ⅰ类	Ⅱ类	Ⅲ类
表观密度（kg/m³）	> 2 450	> 2 350	> 2 250
空隙率（%）	< 47	< 50	< 53
微粉含量（按质量计，%）	< 1.0	< 2.0	< 3.0
泥块含量（按质量计，%）	< 0.5	< 0.7	< 1.0
针片状颗粒（按质量计，%）	< 10		
吸水率（按质量计，%）	< 3.0	< 5.0	< 8.0
压碎指标（%）	< 12	< 20	< 30
有机物含量（比色法）	合格		
硫化物及硫酸盐含量（按 SO_3 质量计，%）	< 2.0		
氯化物含量（以氯离子质量计，%）	< 0.06		
坚固性（质量损失，%）	< 5.0	< 10.0	< 15.0
杂质（按质量计，%）	< 1.0		
碱集料反应	无裂纹、酥裂或胶体外溢等现象，膨胀率小于 0.10%		

4.1.4 再生粗骨料或再生细骨料的质量不符合表 4.1.2、表 4.1.3 的规定，但经过试验验证能满足使用要求时，再生粗骨料或再生细骨料可用于非结构用混凝土。

4.2 其他原材料

4.2.1 天然骨料的质量应符合现行行业标准《普通混凝土用砂、石质量及试验方法》JGJ 52 的规定。

4.2.2 水泥宜采用通用硅酸盐水泥，其质量应符合现行国家标准《通用硅酸盐水泥》GB 175 的规定；当采用其他品种水泥时，其质量应符合相关标准的规定；不同品种水泥不得混用。

4.2.3 拌合用水、养护用水的质量应符合现行行业标准《混凝土用水标准》JGJ 63 的规定。

4.2.4 矿物掺合料的质量应分别符合现行国家标准《水泥和混凝土中用的粉煤灰》GB/T 1596、《用于水泥和混凝土中的粒化高炉矿渣粉》GB/T 18046、《高强高性能混凝土用矿物外加剂》GB/T18736 和现行行业标准《混凝土和砂浆用天然沸石粉》JG/T 3048 的规定。

4.2.5 外加剂的质量应符合现行国家标准《混凝土外加剂》GB 8076 的要求，外加剂的使用应符合现行国家标准《混凝土外加剂应用技术规范》GB 50119 的规定。

5 配合比设计

5.1 一般规定

5.1.1 再生骨料混凝土配合比设计应满足混凝土和易性、强度和耐久性的要求。

5.1.2 再生骨料混凝土配合比设计宜按现行行业标准《普通混凝土配合比设计规程》JGJ 55 的体积法进行。

5.1.3 再生骨料混凝土最小胶凝材料用量应符合表 5.1.3 的规定。

表 5.1.3 再生骨料混凝土最小胶凝材料用量

最大水胶比	最小胶凝材料用量（kg/m³）	
	配筋混凝土	素混凝土
0.60	280	250
0.55	300	280
0.50	320	
≤0.45	330	

5.2 设计参数选择

5.2.1 再生骨料在混凝土骨料中的取代率宜通过试验确定。当无技术资料时，再生骨料取代率应符合下列规定：

1 Ⅰ类再生粗骨料取代率可不受限制。

2 已掺用Ⅲ类再生粗骨料的混凝土，不宜再掺再生细骨料。

3 Ⅱ类、Ⅲ类再生粗骨料取代率不应大于 50%，Ⅱ类、Ⅲ类再生细骨料取代率不应大于 50%。

5.2.2 混凝土抗压强度标准差（σ_{RAC}）应根据同品种、同强度等级再生骨料混凝土统计资料计算确定。计算时，强度试件组数不应少于 30 组。当再生骨料混凝土抗压强度标准差（σ_{RAC}）的统计计算值大于表 5.2.2 规定时，混凝土抗压强度标准差（σ_{RAC}）应取计算值；当再生骨料混凝土抗压强度标准差（σ_{RAC}）的统计计算值小于表 5.2.2 规定时，混凝土抗压强度标准差（σ_{RAC}）按表 5.2.2 的规定取值。当无统计资料时，再生骨料混凝土抗压强度标准差（σ_{RAC}）按下列规定取值：

1 仅掺再生粗骨料，且再生骨料取代率不超过 30%时，混凝土抗压强度标准差（σ_{RAC}）可按现行行业标准《普通混凝土配合比设计规程》JGJ 55 的规定取值。

2 仅掺再生粗骨料混凝土，再生骨料取代率超过 30%时，混凝土抗压强度标准差（σ_{RAC}）可按表 5.2.2 规定取值。

表 5.2.2　再生粗骨料混凝土抗压强度标准差取值

强度等级	≤C20	C25、C30	C35、C40
σ_{RAC}（MPa）	4.0	5.0	6.0

5.3　试　配

5.3.1 混凝土试配应采用强制式搅拌机，并应符合现行行业标准《混凝土试验用搅拌机》JG 244 的规定。

5.3.2 试验室成型条件应符合现行国家标准《普通混凝土拌合物试验方法标准》GB/T 50080 的规定。

5.3.3 拌制再生骨料混凝土拌合物时，应先将称量的粗骨料、细骨料、矿物掺合料投入搅拌机，加入约一半的用水量搅拌 30 s，放置 2 min，再搅拌 30 s 后，加入计量好的水泥、外加剂和剩余的水，再搅拌 2 min 即制得混凝土拌合物。

5.4　配合比的调整和确定

5.4.1 再生粗骨料的混凝土配合比的调整和确定应按现行行业标准《普通混凝土配合比设计规程》JGJ 55 的规定进行。

5.4.2 有耐久性设计要求的混凝土应进行相关耐久性试验验证。

6 混凝土工程

6.1 原材料

6.1.1 再生骨料混凝土使用的原材料质量应符合相应的产品标准要求。

6.1.2 再生细骨料质量应符合本规程表 4.1.2 的规定。进场再生粗骨料应对其泥块含量、微粉含量、氯离子含量、坚固性、硫化物及硫酸盐含量、压碎指标和表观密度进行抽样检验。

6.1.3 再生粗骨料质量应符合本规程表 4.1.3 的规定。其最大粒径不得超过结构截面最小尺寸的 1/4，且不得超过钢筋间最小净距的 3/4。对混凝土实心板，骨料的最大粒径不宜超过板厚的 1/3，且不得超过 40 mm。

6.1.4 进场再生粗骨料应对其泥块含量、微粉含量、吸水率、坚固性、压碎指标和表观密度进行抽样检验。

6.1.5 再生骨料以同一厂家、同一类别、同一规格、同一批次，日产不超过 2 000 t，每 400 m³（或 600 t）作为一个检验批；不足 400 m³（或 600 t）的应按一个检验批计；日产超过 2 000 t，每 650 m³（或 1 000 t）作为一个检验批。

6.2 拌合物制备

6.2.1 各种原材料应按品种、规格分开储存，储存场地或设施应能防止原材料被污染和变质。

6.2.2 拌制再生骨料混凝土拌合物应有混凝土配合比报告单。再生混凝土配合比报告单应根据工程项目对混凝土强度等级、耐久性、工作性等技术质量指标要求出具。再生混凝土配合比设计和试配应符合本规程规定。

6.2.3 配制再生骨料混凝土时，固体原材料应按质量计量，水和液体外加剂可按体积计量。

6.2.4 使用的各种衡器应定期校核，每次使用前进行零点校核，保持计量准确。再生骨料混凝土原材料计量允许偏差应符合表6.2.4的规定。

表 6.2.4 再生骨料混凝土原材料计量允许偏差

原材料种类	水泥	骨料	水	外加剂	掺合料
每盘计量最大偏差（%）	±2	±3	±1	±1	±2
累计计量最大偏差（%）	±1	±2	±1	±1	±1

注：累计计量最大偏差指每一运输车中各盘混凝土的每种原材料计量和的偏差。

6.2.5 再生骨料混凝土拌合物应采用强制式搅拌机搅拌。

6.2.6 再生粗骨料取代率超过 30%的混凝土用再生骨料，使用前宜对再生粗骨料预湿处理。

6.2.7 拌制再生骨料混凝土拌合物时，搅拌工艺应按符合下列要求：

    1 预湿处理再生粗骨料的混凝土拌合物制备搅拌工艺应按图 6.2.7-1 规定进行。

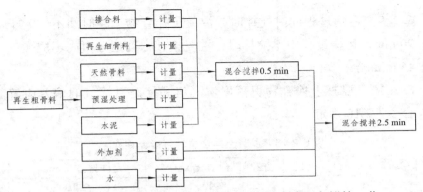

图 6.2.7-1　预湿处理再生粗骨料混凝土拌合物制备搅拌工艺

2　不预湿处理再生粗骨料的混凝土拌合物制备搅拌工艺应按图 6.2.7-2 规定进行。

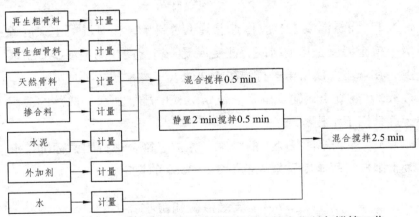

图 6.2.7-2　不预湿处理再生粗骨料混凝土拌合物制备搅拌工艺

6.2.8　混凝土拌合物在运输过程中应采取措施减小坍落度损失和防止离析。静置后的混凝土拌合物浇注前应第 2 次拌合，但不得加水。

6.2.9 运输过程同时搅拌时，混凝土拌合物运输时间不应大于 90 min；运输过程中不搅拌时，混凝土拌合物运输时间不应大于 45 min。

6.2.10 混凝土拌合物坍落度实测值和控制目标值的偏差应符合表 6.2.10 规定。

表 6.2.10 混凝土拌合物坍落度允许偏差

项 目	控制目标值（mm）	允许偏差（mm）
坍落度	≤40	±10
	50～90	±20
	≥100	±30

6.3 浇注和养护

6.3.1 浇筑混凝土前应检查混凝土送料单，核对混凝土强度等级，检查混凝土运输时间，测定混凝土坍落度或测定混凝土扩展度，在查验无误后再进行混凝土浇筑。

6.3.2 混凝土运输、输送、浇筑过程中严禁加水；散落的混凝土严禁用于结构浇筑。

6.3.3 再生骨料混凝土的浇筑、养护应符合现行国家标准《混凝土结构工程施工质量规范》GB 50666 的规定。

6.4 质量检验和验收

6.4.1 再生骨料混凝土强度应达到工艺技术文件或合同规定的强度等级。混凝土强度检验、评定应符合下列规定：

1 混凝土强度评定应按现行国家标准《混凝土强度检验评定标准》GB/T 50107 的规定分批检验评定。划入同一检验批的混凝土，其施工持续时间不宜超过三个月。

    2   混凝土强度评定应采用 28 d 或规定设计龄期的标准养护标准试件的抗压强度值。混凝土取样、试件制作、养护、抗压强度试验应符合现行国家标准《普通混凝土力学性能试验方法标准》GB/T 50081 的规定。非标准试件的抗压强度应折算成标准试件的抗压强度，折算方法应符合现行国家标准《混凝土强度检验评定标准》GB/T 50107 的规定。

    3   当混凝土试件的抗压强度不满足现行国家标准《混凝土强度检验评定标准》GB/T 50107 评定要求，或混凝土试件抗压强度评定不合格时，可采用非破损或局部破损的检验方法检验、推定混凝土抗压强度。采用非破损或局部破损的检验方法检验、推定混凝土抗压强度应按相关现行标准规定检验、推定。

6.4.2   再生骨料混凝土有耐久性要求时，混凝土的耐久性应达到工艺技术文件或合同规定要求。混凝土耐久性应按现行行业标准《混凝土耐久性检验评定标准》JGJ/T 193 的规定检验评定。

6.4.3   原材料质量应符合本标准 6.1 的规定。原材料质量按相关现行产品标准检验、评定。

6.4.4   再生骨料混凝土拌合物的稠度应符合工艺技术文件规定。混凝土拌合物稠度检验应符合现行国家标准《普通混凝土拌合物性能试验方法标准》GB/T 50080 的规定。

6.4.5   再生骨料混凝土结构位置、外观质量、尺寸允许偏差应符合现行国家标准《混凝土结构工程施工质量验收规范》GB 50204 的相关规定。

7 混凝土制品

7.1 一般规定

7.1.1 再生骨料混凝土制品生产企业或加工场所应符合下列要求：

　　1 应满足原材料储存、生产加工、成品堆放的工艺要求；面积、设施应与生产规模相适应。生产加工场所应配套水、电设施，道路通畅，并能够满足生产、运输和消防要求。

　　2 应配置生产工艺要求的生产设备和工艺装备。配置的生产设备和工艺装备应满足生产合格产品的要求。

　　3 应配置必要的检验设备和设施。配置的检验设备和设施应满足质量控制要求。

　　4 应有生产加工、质量控制需要的生产工艺技术文件和技术标准，并能够掌握和实施。

　　5 应配备必要的生产和辅助人员。配备人员的素质、技能和数量应满足生产合格产品的要求。

　　6 应建立覆盖企业生产和服务全过程的质量管理体系或管理制度。

7.1.2 生产过程应满足安全生产、文明生产和环境保护的要求。

7.2 原材料

7.2.1 再生骨料混凝土制品（构件）使用的原材料应符合相应

的产品标准、设计和本规程要求。进厂的水泥、砂、石、钢筋等原材料应经检验合格后方可使用。

7.2.2 再生骨料混凝土制品用原材料的质量应符合本规程第 4 章的规定。

7.2.3 再生骨料混凝土制品用粗骨料的规格应按表 7.2.3 的规定选用。

表 7.2.3 粗骨料规格选用表

序号	产品品种		粗骨料（mm）	
			最大粒径	粒径范围
1	再生骨料混凝土实心砖		10	5～10
2	再生骨料混凝土多孔砖		10	5～10
3	再生骨料混凝土砌块		10	5～10
4	再生骨料透水砖		15	5～15
5	再生骨料路面砖		15	5～15
6	再生骨料混凝土路缘石	≤100 mm（厚度）	25	5～25
		110～190 mm（厚度）	31.5	5～31.5
		≥200 mm（厚度）	40	5～40

7.2.4 砂石可露天、室内堆放储存，或采用筒仓储存；砂石应按品种、规格分开储存。堆放场地应坚硬、平整，不得混有杂草、树叶、泥土等。

7.2.5 水泥可采用散装水泥或袋装水泥，袋装水泥应按生产厂、品种、强度等级、批次分开堆码，不得混堆，并有防雨防潮措施；散装水泥按生产厂、品种、强度等级、批次分仓储存，不得混堆。

7.2.6 钢筋应按种类、规格、批次分开堆放，保持标牌完整，并有防雨防潮措施。钢筋表面不应有伤痕、锈蚀和油污。

7.3 拌合物制备

7.3.1 混凝土配合比应经试配确定。正常生产每月应校验 1 次混凝土配合比。

7.3.2 配制混凝土拌合物，原材料应经计量。各种原材料计量允许偏差应符合表 7.3.2 的规定。

表 7.3.2 原材料计量允许偏差

原材料种类	水泥	骨料	水	外加剂	掺合料
计量最大偏差（%）	±2	±3	±1	±1	±2

7.3.3 再生骨料混凝土制品拌合物的稠度可按表 7.3.3 的规定选取。

表 7.3.3 再生骨料混凝土制品拌合物稠度

产品名称	成型工艺	坍落度（mm）	工作度（s）
再生骨料混凝土实心砖、再生骨料混凝土多孔砖	压制成型工艺		20～60
再生骨料混凝土砌块、再生骨料混凝土实心砖、再生骨料混凝土多孔砖、再生骨料透水砖、再生骨料路面砖	压振成型工艺		0～20
再生骨料混凝土砌块、再生骨料混凝土实心砖、再生骨料混凝土多孔砖、再生骨料混凝土路缘石	振动成型工艺（振动台）	0～40	
再生骨料透水砖	振动成型工艺（振动台）	0～10	

产品名称	成型工艺	坍落度（mm）	工作度（s）
再生骨料路面砖的混凝土拌合物坍落度宜控制在	振动成型工艺（振动台）	80～120	
振动成型，再生骨料混凝土路缘石	振动成型工艺（插入式振捣器）	40～80	
再生骨料混凝土路缘石	浇注成型工艺	120～180	

7.3.4 配制混凝土拌合物的再生粗骨料宜预湿处理。

7.3.5 混凝土拌合物制备工艺应符合本规程 6.2.7 条的规定。

7.3.6 第一次搅拌混凝土，应用水润湿搅拌筒，并在配合比水泥用量的基础上增加 10% 的水泥用量。

7.3.7 混凝土质量监控应符合下列规定：

　　1 在混凝土的搅拌或成型地点随机取样制作混凝土试件，三块试件为一组。每天拌制的同一配合比混凝土，取样不得少于一次，每次制作 3 组。其中一组在标准条件下养护 28 d，检验设计强度；另两组与产品同条件养护，检验脱模强度和出厂强度。

　　2 混凝土抗压强度试验及检验方法应按现行国家标准《普通混凝土力学性能试验方法》GB/T 50081 和现行国家标准《混凝土强度检验评定标准》GB/T 50107 的规定进行。

7.4　成　型

7.4.1 生产再生骨料混凝土制品的成型工艺可按表 7.4.1 的规定选择。

表 7.4.1 再生骨料混凝土制品成型工艺选用表

序号	成型工艺	产品品种
1	压制成型工艺	再生骨料混凝土实心砖、再生骨料混凝土多孔砖
2	压振成型工艺	再生骨料混凝土砌块、再生骨料混凝土实心砖、再生骨料混凝土多孔砖、再生骨料透水砖、再生骨料路面砖
3	振动成型工艺	再生骨料混凝土砌块、再生骨料混凝土实心砖、再生骨料混凝土多孔砖、再生骨料透水砖、再生骨料路面砖、再生骨料混凝土路缘石
4	浇注成型工艺	再生骨料混凝土路缘石

7.4.2 配筋混凝土制品（构件）在成型前应检查配置钢筋骨架，钢筋骨架安放符合要求后，方可开始成型。

7.5 制品养护

7.5.1 再生骨料混凝土制品养护可采用自然养护或常压蒸汽养护。

7.5.2 再生骨料混凝土制品成型后，除压制成型的实心砖可直接拣匹码垛外，其他制品应带托板或模具静置养护达到一定强度后，再码垛养护。

7.5.3 自然养护分为室内养护和露天养护。露天养护气温低于 20 ℃ 和夏季应覆盖养护坯体。养护期间应浇水，夏季浇水时间间隔不宜超过 4 h，冬季浇水时间间隔不宜超过 12 h。自然养护时间为 3 ~ 7 d。

7.5.4 常压蒸汽养护按升温—恒温—降温的养护制度。升温速度不宜超过 30 ℃/h，降温速度不应超过 40 ℃/h。

7.5.5 常压蒸汽养护或自然养护后的再生骨料混凝土制品应码垛继续浇水养护。码垛高度不宜超过 2.0 m，每天浇水 1 次~2 次至 14 d 龄期。常压蒸汽养护产品出厂养护龄期不得少于 14 d，自然养护产品出厂养护龄期不应少于 21 d。

7.6 再生骨料混凝土砌块

7.6.1 砌块按孔的排列分为单排孔、双排孔、三排孔和四排孔，砌块的主规格尺寸为 390 mm×190 mm×190 mm，其他规格尺寸可由供需双方协商。

7.6.2 砌块按密度大小分为 700、800、900、1 000、1 100、1 200、1 300、1 400、>1 400 九个等级，按抗压强度大小分为 MU3.5、MU5.0、MU7.5、MU10、MU15、MU20 六个等级。

7.6.3 砌块的外观质量和尺寸允许偏差应符合表 7.6.3 的规定。

表 7.6.3 砌块的外观质量和尺寸允许偏差

项　目		指　标
尺寸允许偏差（mm）	长度	±3.0
	宽度	±3.0
	高度	±3.0
外壁厚（mm）	用于承重墙体	≥30
	用于非承重墙体	≥20

项　目		指　标
肋厚（mm）	用于承重墙体	≥25
	用于非承重墙体	≥20
缺棱掉角	个数/块	≤2
	三个投影方向最大值（mm）	≤20
裂纹延伸累计尺寸（mm）		≤30

7.6.4 砌块的密度等级应符合表 7.6.4 的规定。

表 7.6.4　砌块的密度等级

密度等级	干密度范围（kg/m³）
700	610～700
800	710～800
900	810～900
1 000	910～1 000
1 100	1 010～1 100
1 200	1 110～1 200
1 300	1 210～1 300
1 400	1 310～1 400
＞1 400	＞1 400

7.6.5 砌块的强度等级应符合表 7.6.5 的规定。

表 7.6.5 砌块的强度等级及其与密度等级的对应关系

强度等级	抗压强度（MPa）	
	平均值	最小值
MU3.5	≥3.5	≥2.8
MU5.0	≥5.0	≥4.0
MU7.5	≥7.5	≥6.0
MU10	≥10.0	≥8.0
MU15	≥15.0	≥12.0
MU20	≥20.0	≥16.0

7.6.6 砌块的抗冻性应符合表 7.6.6 的规定。

表 7.6.6 砌块的抗冻性

环境条件	抗冻标号	质量损失率（%）	强度损失率（%）
温和与夏热冬暖地区	D15		
夏热冬冷地区	D25		
寒冷地区	D35	≤5	≤25
严寒地区	D50		

7.6.7 砌块的吸水率应不大于 18%，干燥收缩率应不大于 0.065%；碳化系数应不小于 0.8，软化系数应不小于 0.8。

7.6.8 砌块的相对含水率应符合表 7.6.8 的要求。

表 7.6.8 砌块的相对含水率

干燥收缩率（%）	相对含水率（%）		
	潮湿地区	中等湿度地区	干燥地区
< 0.03	≤45	≤40	≤35
≥0.03，≤0.045	≤40	≤35	≤30
> 0.045，≤0.065	≤35	≤30	≤25

7.6.9 砌块的放射性应符合现行国家标准《建筑材料放射性核素限量》GB 6566 的规定。

7.6.10 再生骨料混凝土砌块组批、抽样、质量评定应按现行国家标准《轻集料混凝土小型空心砌块》GB/T 15229 的规定，试验方法应按现行国家标准《混凝土砌块和砖试验方法》GB/T 4111 的规定。

7.6.11 再生骨料混凝土砌块进入施工现场应按规定批次提供型式检验报告、出厂检验报告等质量证明文件。再生骨料混凝土砌块进入施工现场后，应按批次抽样对尺寸允许偏差、外观质量、密度等级和强度等级进行复检。承重再生骨料混凝土砌块进入施工现场后，应按批次抽样对尺寸允许偏差、外观质量、密度等级、强度等级和抗冻性进行复检。

7.6.12 再生骨料混凝土砌块砌体施工应按现行行业标准《混凝土小型空心砌块建筑技术规程》JGJ/T 14 的规定执行，砌体工程质量验收应按现行国家标准《砌体结构工程施工质量验收规范》GB 50203 的规定执行。

7.7 再生骨料混凝土砖

7.7.1 混凝土实心砖主规格为 240 mm × 115 mm × 53 mm，其他规格尺寸可由供需双方协商。

7.7.2 混凝土多孔砖常用规格应符合表 7.7.2 模数。

表 7.7.2 混凝土多孔砖规格尺寸

长 度（mm）	宽 度（mm）	高 度（mm）
360、290、240、190、140	240、190、115、90	115、90

7.7.3 混凝土多孔砖空心率应不小于 25%，不大于 35%。混凝土多孔砖外壁最小厚度应不小于 18 mm，最小肋厚应不小于 15 mm。孔洞最大宽度不宜大于 15 mm，当孔洞最大宽度超过 15 mm 时，孔洞应设计为盲孔或半盲孔。

7.7.4 混凝土实心砖的外观质量应符合表 7.7.4 的规定。

表 7.7.4 混凝土实心砖的外观质量

项 目	指 标
成型面高差（mm）	≤2
裂纹长度的投影尺寸（mm）	≤20
弯曲（mm）	≤2
缺棱掉角	三个投影方向最大值不得同时大于 10 mm
完整面*	不得少于一条面和一顶面
注：*凡有下列缺陷之一者，不得称为完整面： 1）缺陷在条面或顶面上造成的破坏尺寸同时大于 10 mm × 10 mm； 2）条面或顶面上裂纹宽度大于 1 mm，其长度超过 30 mm	

7.7.5 混凝土多孔砖的外观质量应符合表7.7.5的规定。

表 7.7.5　混凝土多孔砖的外观质量

项　目		指　标
弯　曲（mm）		≤1
裂纹延伸的投影尺寸累计（mm）		≤20
缺棱掉角	个数	≤2
	三个方向投影尺寸的最大值（mm）	≤15

7.7.6 混凝土实心砖的尺寸允许偏差应符合表7.7.6的规定。

表 7.7.6　混凝土实心砖的尺寸允许偏差

项　目	指　标
长　度	－1，+2
宽　度	±2
高　度	－1，+2

7.7.7 混凝土多孔砖的尺寸允许偏差应符合表7.7.7的规定。

表 7.7.7　混凝土多孔砖的尺寸允许偏差

项　目	指　标
长　度	－1，+2
宽　度	－1，+2
高　度	±2

7.7.8 混凝土砖按抗压强度值分为：MU10、MU15、MU20、MU25、MU30 五级。各强度等级混凝土砖的抗压强度值应满足表 7.7.8 的规定。

表 7.7.8 混凝土砖的强度等级

强度等级	抗压强度（MPa）	
	平均值	最小值
MU10	≥10.0	≥8.0
MU15	≥15.0	≥12.0
MU20	≥20.0	≥16.0
MU25	≥25.0	≥21.0
MU30	≥30.0	≥26.0

7.7.9 混凝土砖的抗冻性应符合表 7.7.9 的规定。

表 7.7.9 混凝土砖的抗冻性

环境条件	抗冻指标	质量损失率（%）	强度损失率（%）
夏热冬暖地区	D15		
夏热冬冷地区	D25	≤5	≤25
寒冷地区	D35		
严寒地区	D50		

注：非采暖区指最冷月份平均气温高于 −5 ℃ 的地区。

7.7.10 混凝土砖吸水率应不大于 17%，干燥收缩率应不大于 0.06%；碳化系数应不小于 0.8，软化系数应不小于 0.8。

7.7.11 混凝土砖的相对含水率应符合表 7.7.8 的要求。

表 7.7.11 混凝土砖的相对含水率

干燥收缩率（%）	相对含水率（%）		
	潮湿地区	中等湿度地区	干燥地区
≤0.050	≤40	≤35	≤30

7.7.12 混凝土砖的放射性应符合现行国家标准《建筑材料放射性核素限量》GB 6566 的规定。

7.7.13 再生骨料混凝土实心砖组批、抽样、质量评定应按现行国家标准《混凝土实心砖》GB/T 21144 的规定；试验方法应按现行国家标准《混凝土小型空心切块试验方法》GB 4111 和现行国家标准《砌墙砖试验方法》GB/T 2542 的规定。

7.7.14 再生骨料混凝土多孔砖组批、抽样、质量评定应按现行国家标准《承重混凝土多孔砖》GB 25779 的规定；试验方法应按现行国家标准《混凝土小型空心切块试验方法》GB 4111 和现行国家标准《砌墙砖试验方法》GB/T 2542 的规定。

7.7.15 再生骨料混凝土砖进入施工现场应按规定批次提供型式检验报告、出厂检验报告等质量证明文件。再生骨料混凝土砖进入施工现场后，应按批次抽样对尺寸允许偏差、外观质量和强度等级进行复检。

7.7.16 再生骨料混凝土砖砌体工程施工应按现行行业标准《多孔砖砌体结构技术规程》JGJ 137 的规定执行，砌体工程质量验收应按现行国家标准《砌体结构工程施工质量验收规范》GB 50203 的规定执行。

7.8 再生骨料混凝土路面砖

7.8.1 再生骨料混凝土路面砖按抗压强度大小分为 C_c20、C_c25、C_c30、C_c35、C_c40、C_c50 五个等级，按抗折强度大小分为 $C_f2.0$、$C_f2.5$、$C_f3.0$、$C_f3.5$、$C_f4.0$、$C_f5.0$ 四个等级。再生骨料混凝土路面砖强度等级应符合表 7.8.1 的规定。

表 7.8.1　再生骨料混凝土路面砖的强度等级

抗压强度			抗折强度		
边长/厚度≤4			边长/厚度＜4		
抗压强度等级	平均值	最小值	抗折强度等级	平均值	最小值
C_c20	≥20.0	≥15.0	$C_f2.0$	≥2.0	≥1.5
C_c25	≥25.0	≥20.0	$C_f2.5$	≥2.5	≥2.0
C_c30	≥30.0	≥25.0	$C_f3.0$	≥3.0	≥2.5
C_c35	≥35.0	≥30.0	$C_f3.5$	≥3.5	≥3.0
C_c40	≥40.0	≥35.0	$C_f4.0$	≥4.0	≥3.2
C_c50	≥50.0	≥42.0	$C_f5.0$	≥5.0	≥4.2

7.8.2 再生骨料混凝土路面砖的外观质量和尺寸允许偏差应符合表 7.8.2 的规定。

表 7.8.2　再生骨料混凝土路面砖的外观质量和尺寸允许偏差

项　目	指　标
铺装面粘皮与缺损的最大投影尺寸（mm）	≤5
铺装面缺棱或掉角的最大投影尺寸（mm）	≤5
铺装面裂纹	不允许

项　目	指　标
色差、杂色	不明显
平整度（mm）	≤2.0
垂直度（mm）	≤2.0
长度、宽度、厚度（mm）	±2.0
厚度差（mm）	±2.0

7.8.3 再生骨料混凝土路面砖的物理性能应符合表 7.8.3 的规定。

表 7.8.3　再生骨料混凝土路面砖的物理性能

项　目		指　标
耐磨性	磨坑长度（mm）	≤32.0
	耐磨度	≥1.9
抗冻性	严寒地区（D50）	冻融试验后外观无明显变化，铺装面粘皮、缺损、缺棱或掉角的最大投影尺寸超过 5 mm，铺装面无裂纹，且强度损失率≤20.0%
	寒冷地区（D35）	
	其他地区（D25）	
吸水率（%）		≤8.0
防滑性（BPN）		≥60
抗盐冻性（剥落量，g/m²）		平均值≤1 000，且最大值<1 500

7.8.4 再生骨料混凝土路面砖组批、抽样、检验、质量评定应按现行国家标准《混凝土路面砖》GB 28635 的规定执行。

7.8.5 再生骨料混凝土路面砖进入施工现场应按规定批次提供

型式检验报告、出厂检验报告等质量证明文件。再生骨料混凝土砖进入施工现场后，应按批次抽样对尺寸允许偏差、外观质量和强度等级进行复检。

7.8.6 再生骨料混凝土路面砖铺设工程施工和质量验收应按现行行业标准《联锁型路面砖路面施工及验收规程》CJJ 79 的规定执行。

7.9 透水再生骨料混凝土路面块材

7.9.1 透水再生骨料混凝土路面砖按劈裂抗拉强度值分为 $f_{ts}3.0$、$f_{ts}3.5$、$f_{ts}4.0$ 和 $f_{ts}4.5$ 四个等级。透水再生骨料混凝土路面砖单块线性破坏荷载应不小于 200 N/mm，且其强度等级应符合表 7.9.1 的规定。

表 7.9.1　透水砖的强度等级

强度等级	劈裂抗拉强度（MPa）	
	平均值	最小值
$f_{ts}3.0$	≥3.0	≥2.4
$f_{ts}3.5$	≥3.5	≥2.8
$f_{ts}4.0$	≥4.0	≥3.2
$f_{ts}4.5$	≥4.5	≥3.4

7.9.2 透水再生骨料混凝土路面板按抗拉强度值分为 $R_f3.0$、$R_f3.5$、$R_f4.0$ 和 $R_f4.5$ 四个等级。透水再生骨料混凝土路面板强度等级应符合表 7.9.2 的规定。

表 7.9.2　透水再生骨料混凝土路面板的强度等级

强度等级	抗折强度（MPa）	
	平均值	最小值
$R_f3.0$	≥3.0	≥2.4
$R_f3.5$	≥3.5	≥2.8
$R_f4.0$	≥4.0	≥3.2
$R_f4.5$	≥4.5	≥3.4

7.9.3 透水再生骨料混凝土路面块材的外观质量和尺寸允许偏差应符合表 7.9.3 的规定。

表 7.9.3　透水再生骨料混凝土路面块材的外观质量和尺寸允许偏差

项　　目			顶面	其他面
贯穿裂纹			不允许	不允许
非贯穿裂纹最大投影长度（mm）			≤10	≤15
最大投影长度超过 2 mm 的非贯穿裂纹累计条数（条）			≤1	≤2
缺棱掉角	沿所在棱边垂直方向投影尺寸的最大值（mm）		≤3	≤10
	沿所在棱边方向投影尺寸的最大值（mm）		≤10	≤20
	三个方向投影尺寸最大值超过 2 mm 累计个数（条）		≤1	≤2
粘皮、缺损	深度超过 2.5 mm 的粘皮、缺损		不允许	不允许
	最大投影尺寸（深度不超过 1 mm 的粘皮、缺损不计，mm）	路面砖	≤8	≤10
		透水板	≤15	≤20
	累计处数（最大投影长度超过 2 mm 处）		≤1	≤2

项　　目		顶面	其他面
色差	单色	不明显	
	非单色	符合约定	
色质饱和度、混色程度、花纹和条纹		基本一致	

7.9.4 透水再生骨料混凝土路面块材的尺寸允许偏差应符合表 7.9.4 的规定。

表 7.9.4　透水再生骨料混凝土路面块材的尺寸允许偏差

项目		透水砖	透水板	
			长度≤500	长度≥500
长度（mm）		±2	±2	±3
宽度（mm）		±2	±2	±3
厚度（mm）		±2	±2	±3
对角线（mm）			±3	±4
厚度方向垂直度（mm）		≤1.5	≤1.0	≤1.0
直角度（mm）		≤1.0		
单块厚度差（mm）		≤2		
饰面层平整度	凸面	≤1.5		
	凹面	≤1.0		

7.9.5 透水再生骨料混凝土路面块材的物理性能应符合表 7.9.5 的规定。

表 7.9.5　透水再生骨料混凝土路面块材的物理性能

项　　目		指　　标
耐磨性（顶面磨坑长度，mm）		≤35
透水系数（cm/s）	A 级	≥2.0×10^{-2}
	B 级	≥1.0×10^{-2}
防滑性（BPN）		≥60
抗冻性	夏热冬暖地区　D15	冻融循环后顶面缺损深度应≤5 mm，单块质量损失率应≤5%，强度损失率应≤20%
	夏热冬冷地区　D25	
	寒冷地区　　　D35	
	严寒地区　　　D50	

7.9.6　透水再生骨料混凝土路面块材组批、抽样、检验、质量评定应按现行行业标准《透水路面砖和透水路面板》GB/T 25993的规定执行。

7.9.7　透水再生骨料混凝土路面块材进入施工现场应按规定批次提供型式检验报告、出厂检验报告等质量证明文件。再生骨料混凝土砖进入施工现场后，应按批次抽样对尺寸允许偏差、外观质量、强度等级和透水系数进行复检。

7.9.8　透水再生骨料混凝土路面块材铺设工程施工和质量验收应按现行行业标准《联锁型路面砖路面施工及验收规程》CJJ 79的规定执行。

7.10　再生骨料混凝土路缘石

7.10.1　直线形再生骨料混凝土路缘石按抗折强度大小分为 $C_f2.5$、$C_f3.0$、$C_f4.0$、$C_f5.0$、$C_f6.0$ 五个等级，曲线形、L 形等异形再生骨料混凝土路缘石按抗压强度大小分为 C_c20、C_c25、C_c30、C_c35、C_c40 五个等级。再生骨料混凝土路缘石强度等级应符合表 7.10.1 的规定。

表 7.10.1　再生骨料混凝土路缘石强度等级

抗压强度			抗折强度		
抗压强度等级	平均值	最小值	抗折强度等级	平均值	最小值
C_c20	≥20.0	≥16.0	$C_f3.0$	≥2.5	≥2.0
C_c25	≥25.0	≥20.0	$C_f3.0$	≥3.0	≥2.4
C_c30	≥30.0	≥24.0	$C_f4.0$	≥4.0	≥3.2
C_c35	≥35.0	≥28.0	$C_f5.0$	≥5.0	≥4.0
C_c40	≥40.0	≥32.0	$C_f6.0$	≥6.0	≥4.8

7.10.2　再生骨料混凝土路缘石的外观质量应符合表 7.10.2 的规定。

表 7.10.2　再生骨料混凝土路缘石的外观质量

项　目	指　标
缺棱掉角在正面或正侧面的最大投影尺寸（mm）	≤30
面层非贯穿裂纹的最大投影尺寸（mm）	≤20
贯穿裂纹	不允许

项 目	指 标
可视面粘皮（脱皮）及表面缺损最大面积（mm²）	≤100
分层	不允许
色差、杂色	不明显

7.10.3 再生骨料混凝土路缘石的尺寸允许偏差应符合表 7.10.3 的规定。

表 7.10.3 再生骨料混凝土路缘石的尺寸允许偏差

项 目	指 标
长度、宽度、高度（mm）	-3，+5
平整度（mm）	≤4
垂直度（mm）	≤4

7.10.4 再生骨料混凝土路缘石的抗冻性和抗盐冻性应符合表 7.10.4 的规定。

表 7.10.4 再生骨料混凝土路缘石的抗冻性和抗盐冻性

项 目		指 标
寒冷地区、严寒地区	抗冻性（D50）	冻融试验后质量损失率不大于 3.0%
	抗盐冻性（ND25）	盐冻试验后质量损失不大于 0.50 kg/m²
其他地区	抗冻性（D25）	冻融试验后质量损失率不大于 3.0%

7.10.5 再生骨料混凝土路缘石组批、抽样、检验、质量评定按

现行行业标准《混凝土路缘石》JC 899 的规定执行。

7.10.6 再生骨料混凝土路缘石进入施工现场应按规定批次提供型式检验报告、出厂检验报告等质量证明文件。再生骨料混凝土路缘石进入施工现场后，应按批次抽样对尺寸允许偏差、外观质量和强度等级进行复检。

7.10.7 再生骨料混凝土路缘石铺设工程施工和质量验收按现行行业标准《城镇道路施工及验收规程》CJJ 1 的规定执行。

本规程用词说明

1 为了便于在执行本规程条文时区别对待，对要求严格程度不同的用词说明如下：

1） 表示很严格，非这样做不可的用词：

正面词采用"必须"，反面词采用"严禁"。

2） 表示严格，在正常情况下均应这样做的用词：

正面词采用"应"，反面词采用"不应"或"不得"。

3） 表示允许稍有选择，在条件许可时首先应这样做的用词：

正面词采用"宜"，反面词采用"不宜"。

4） 表示有选择，在一定条件下可以这样做的，采用"可"。

2 条文中指明应按其他有关标准执行的写法为："应符合……的规定"或"应按……执行"。

引用标准名录

1　《通用硅酸盐水泥》GB 175

2　《建筑材料放射性核素限量》GB 6566

3　《混凝土外加剂》GB 8076

4　《承重混凝土多孔砖》GB 25779

5　《混凝土路面砖》GB 28635

6　《混凝土结构设计规范》GB 50010

7　《混凝土质量控制标准》GB 50164

8　《混凝土外加剂应用技术规范》GB 50119

9　《民用建筑热工设计规范》GB 50176

10　《砌体结构工程施工质量验收规范》GB 50203

11　《混凝土结构工程施工质量验收规范》GB 50204

12　《混凝土结构工程施工质量规范》GB 50666

13　《水泥和混凝土中用的粉煤灰》GB/T 1596

14　《砌墙砖试验方法》GB/T 2542

15　《混凝土砌块和砖试验方法》GB/T 4111

16　《建筑用砂》GB/T 14684

17　《轻集料混凝土小型空心砌块》GB/T 15229

18　《用于水泥和混凝土中的粒化高炉矿渣粉》GB/T 18046

19　《高强高性能混凝土用矿物外加剂》GB/T 18736

20　《混凝土实心砖》GB/T 21144

21　《透水路面砖和透水路面板》GB/T 25993

22 《普通混凝土拌合物性能试验方法标准》GB/T 50080

23 《普通混凝土力学性能试验方法标准》GB/T 50081

24 《混凝土强度检验评定标准》GB/T 50107

25 《混凝土结构耐久性设计规范》GB/T 50476

26 《城镇道路施工及验收规程》CJJ 1

27 《联锁型路面砖路面施工及验收规程》CJJ 79

28 《混凝土路缘石》JC 899

29 《混凝土试验用搅拌机》JG 244

30 《轻骨料混凝土技术规程》JGJ 51

31 《普通混凝土用砂、石质量及试验方法》JGJ 52

32 《普通混凝土配合比设计规程》JGJ 55

33 《混凝土拌合用水标准》JGJ 63

34 《多孔砖砌体结构技术规程》JGJ 137

35 《混凝土小型空心砌块建筑技术规程》JGJ/T 14

36 《混凝土耐久性检验评定标准》JGJ/T 193

37 《混凝土和砂浆用天然沸石粉》JG/T 3048

四川省工程建设地方标准

四川省再生骨料混凝土及制品应用技术规程

DBJ51/T 059 – 2016

条 文 说 明

目　次

3 基本规定

3.0.2 《混凝土结构设计规范》GB 50010—2010 规定混凝土最低强度等级为 C15，《轻骨料混凝土技术规程》JGJ 51—2002 规定混凝土最低强度等级为 C5.0。考虑到建筑垃圾再生骨料包含软颗粒骨料，本规程技术内容包括混凝土结构工程和混凝土制品，部分混凝土制品，比如混凝土空心砌块，要求的混凝土强度低，所以本规程采用《轻骨料混凝土技术规程》JGJ 51—2002 的规定，最低强度等级规定为 C5.0。

3.0.14 再生骨料材料品种、硬度、空隙率差异较大，骨料的这些特性导致生产的混凝土弹性模量、徐变波动较大，预应力混凝土的预应力值对混凝土弹性模量、徐变波动很敏感。因此，不能用再生骨料混凝土生产预应力混凝土制品（或构件）。

4 原材料

4.1.1 建筑垃圾中可能混入玻璃、塑料、纤维织物等对混凝土性能有害的物质，在生产骨料时，应采取工艺措施，清除这些有害杂质。通过分拣分类可以将材料品种、硬度、密度相近的物质归集在一起，这样制得的再生骨料性能波动小。

5 配合比设计

5.3.3 拌制再生骨料混凝土拌合物时，需要考虑骨料吸水时间，应注意防止发生虚假用水量情况。否则刚制成的混凝土拌合物工作性合适，但放置一会工作性就发生较大变化。拌制混凝土拌合物时，停置一定时间让骨料吸水，可以防止该现象发生。

6 混凝土工程

6.2.7 再生粗骨料不仅表面吸水，内部也会吸水；制定再生骨料混凝土拌合物拌制工艺制度时，应考虑再生粗骨料吸水饱和的工艺和时间要求，防止出现再生骨料混凝土拌合物的工作性不能满足混凝土成型要求的现象。

7 混凝土制品

7.8.1 本规程对再生骨料混凝土路面砖的最小强度等级要求较 GB 28635—2012《混凝土路面砖》标准低。主要因为低硬度再生骨料配制高强度等级混凝土难度较大。通过控制路面砖长厚比例，可以避免路面砖使用时发生断裂。C_c20、$C_f2.0$ 强度等级能够满足对耐磨度要求不高的使用场合的使用要求，对耐磨度要求高的场合，可以通过提高路面砖面层硬度的工艺措施，解决低强度等级路面砖耐磨度问题。